U0189455

水的神奇之旅

〔澳〕菲利普·邦廷　著/绘

蔡金栋　译

科学普及出版社

·北　京·

你有没有发现，人与海绵有点像，都是软软的？
那是因为，人的身体中一半以上都是水！
无论是大蓝鲸、小细菌、紫杉树，还是你和我，
地球上所有生物都需要水。
水流淌在我们经历过的一切事物之中，
没有水，也就没有我们。

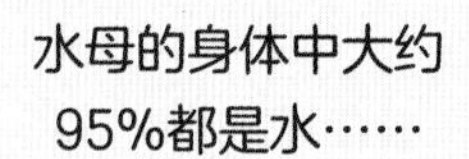

水母的身体中大约
95%都是水……

就像小熊软糖一样，
好吃。

土豆的含水量
大约为80%。

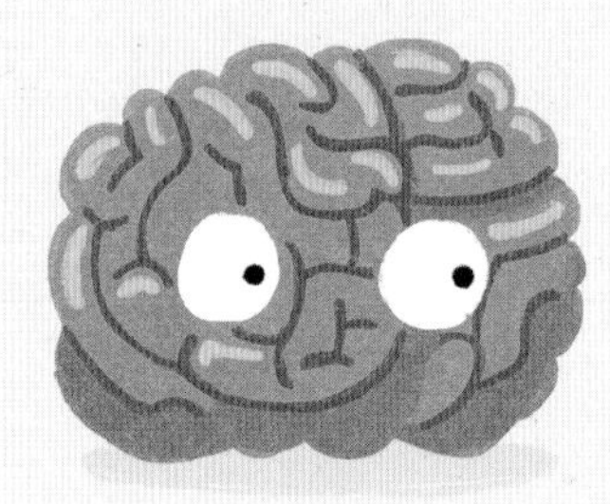

大脑中大约75%
是水……

跟香蕉差不多
（都是75%）。

树的含水量大约
也是75%。

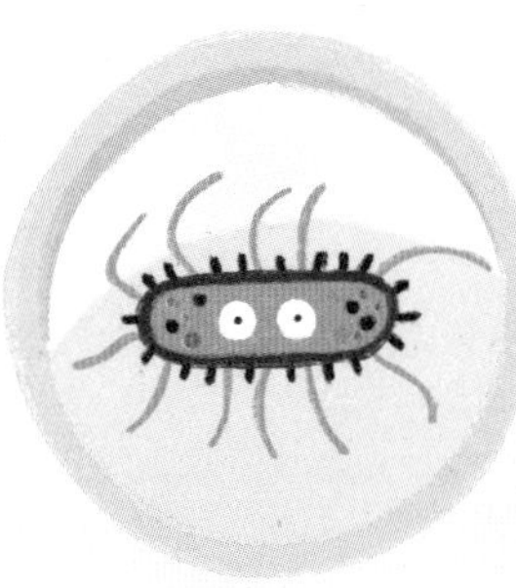

细菌的含水量大约
是70%。

人体中的含水量
差不多是60%。

南极冰川中近3%的冰
是企鹅的尿液。

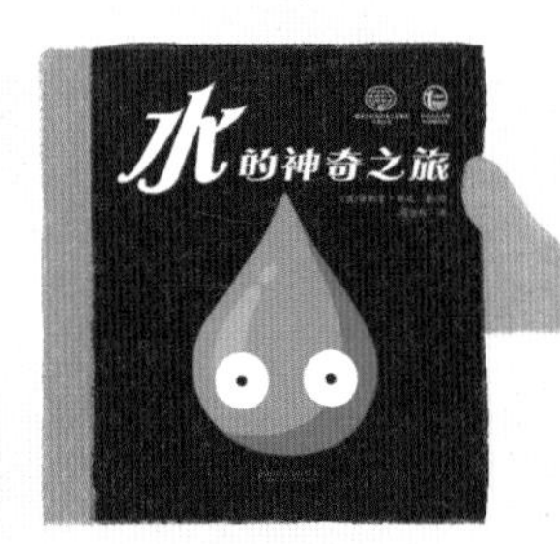

这本书的含水量
高达10%！

水看上去没什么了不起的，
感觉就那样，很普通。

水没有颜色，没有味道，也没有固定的形状，
甚至连气味也闻不到……

但其实水挺“好玩儿”的！
哪个英文字母的水最多呢？
注：答案在第17页。
水看上去很温和，
却拥有改变世界的力量。
那么，水到底是什么？

先从小东西说起吧。很小很小的东西。
云朵、大海、雪花，都是水“做”的，
都是由非常多的小东西组成的，
这些小东西叫作“分子”。

每个水分子有三个更小的“零件”，
分别是两个氢原子和一个氧原子。

这么小的一滴水，竟然大约有

1,500,000,000,000,000,000,000,000

15万亿亿个水分子！

没错，就是我！

水非常神奇，
它能够以三种不同的形态存在：

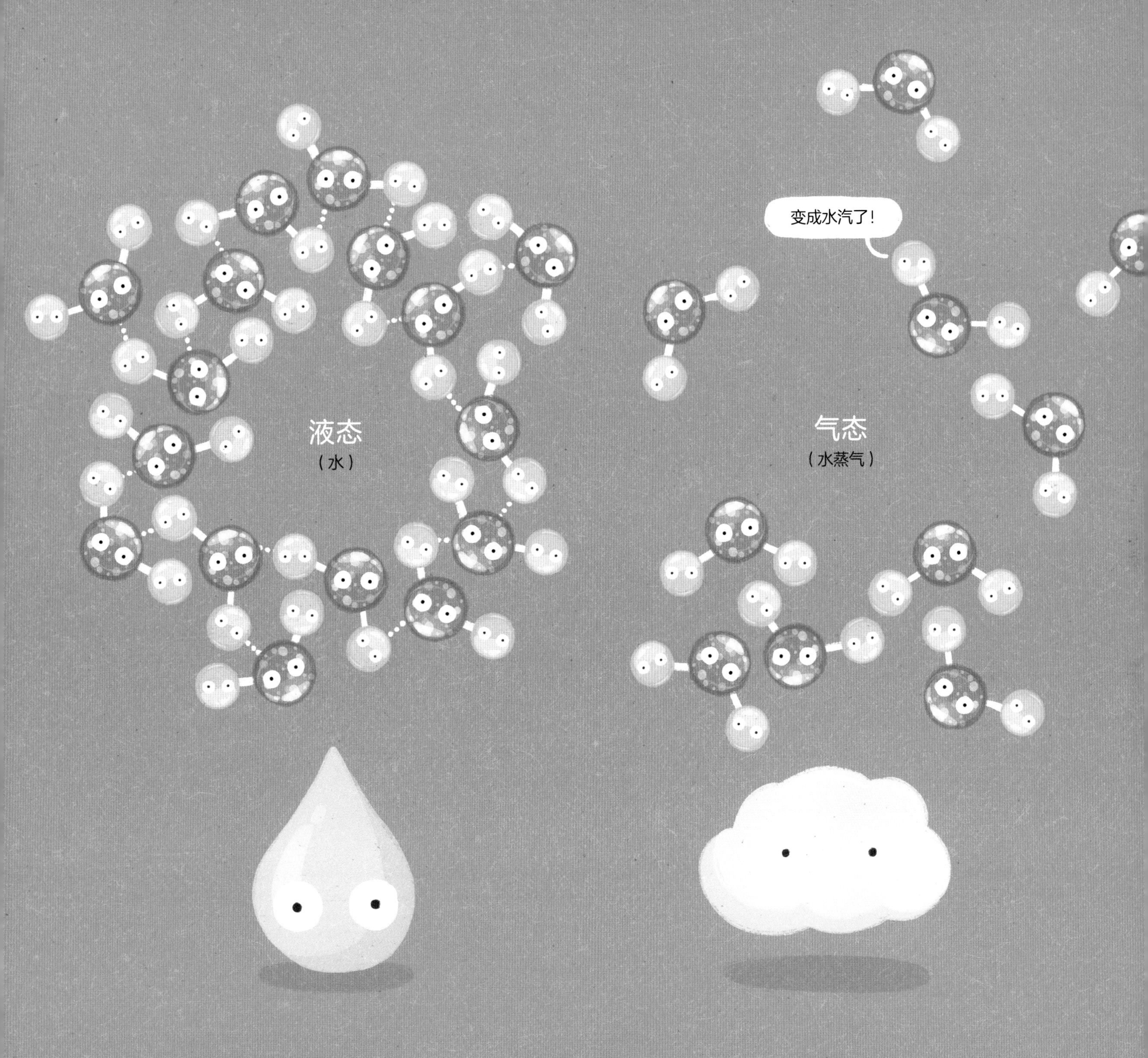

水可以随着环境的变化而变化，
随时随地变身为最适合的形态，去适应周围的世界。

在我们地球上，液态水分布广泛。
地球很幸运，位于太阳系的宜居带，
不冷不热刚刚好，水能够以液体的形态存在。

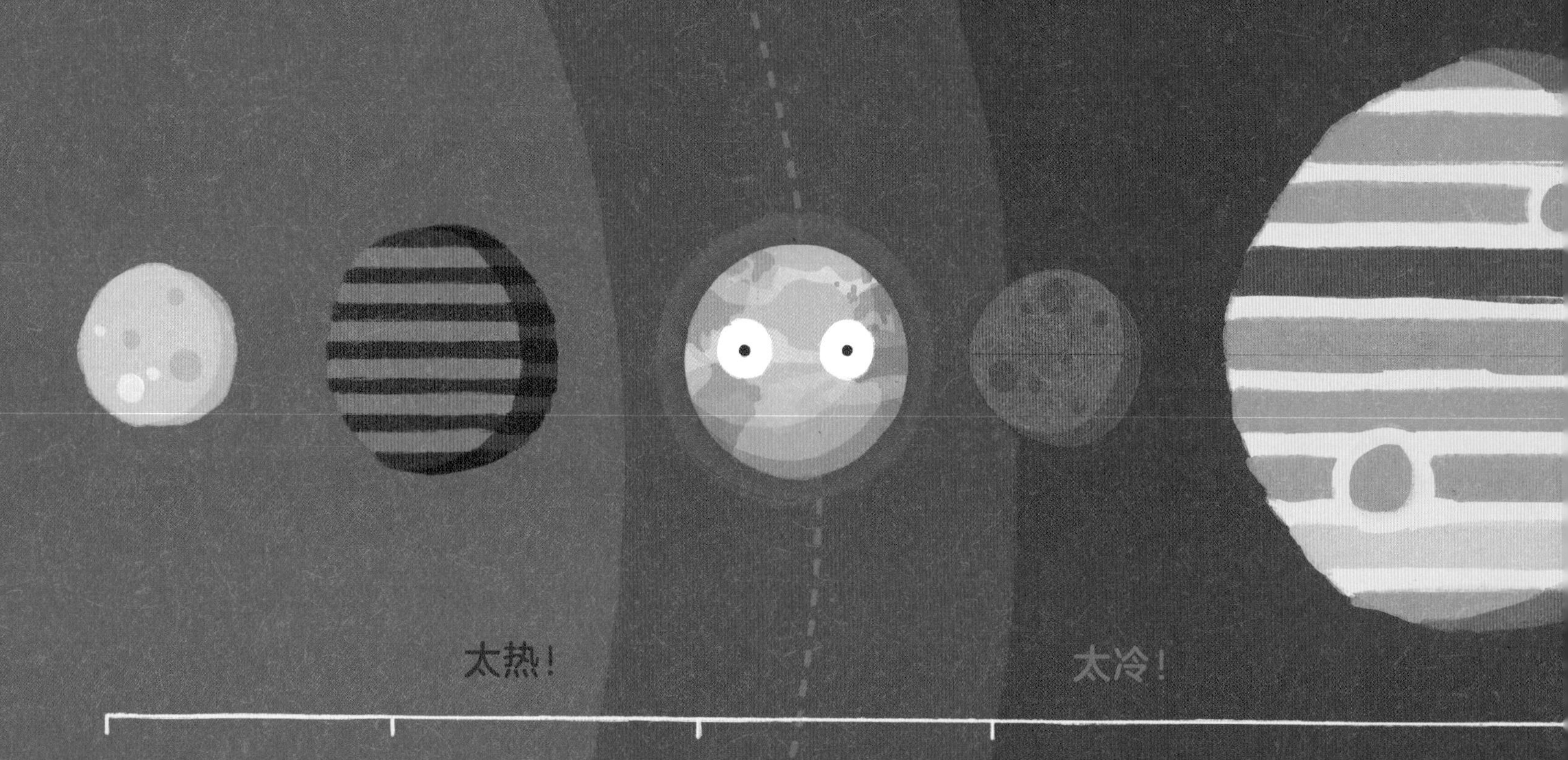

水星
没有液态水。它离太阳最近。

金星
也没有液态水。它又被称为启明星，表面温度约480℃，都可以烤面包了。

地球
在这颗美丽的蓝色星球上，约71%的表面被水覆盖。

火星
两极的冰盖之下很可能存在液态水湖泊！

木星
这颗气态巨行星主要由氢气和氦气组成，深处有水蒸气。

土星
没有水，但土星的82颗卫星中，有很多是由冰冻的水构成的。

天王星
最臭的行星，大气主要成分是氢，还有氦、甲烷及微量的氨。

海王星
冰冻行星，但是没有液态水。

那么，地球上为什么有这么多水呢？

早在地球形成之初，大多数水分子就已经存在。
它们刚好存在于某片尘云之中，而这片尘云后来成了我们的太阳系。

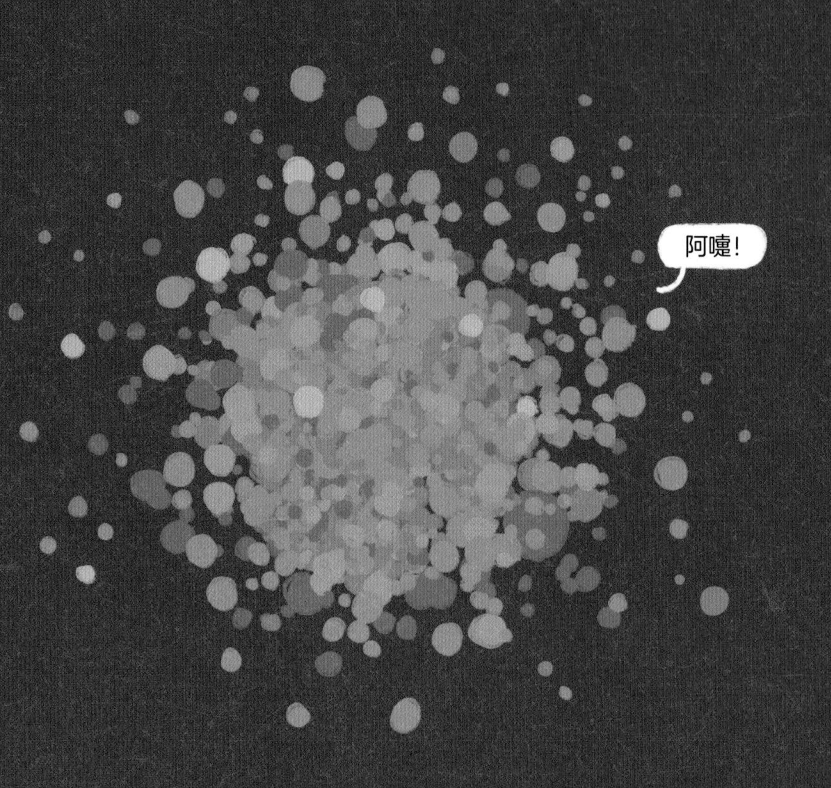

再后来，有些水分子跟随冰冻彗星来到地球。

而一旦来到地球，它们就再也回不去了。
几十亿年来，在这个星球上循环往复的，其实是同一批水分子。

所以啊，一杯水看上去也许很普通，
没啥了不起，简简单单的，
但也不是随随便便就能从哪个湖底冒出来……

杯子里的这些水，
早在几十亿年前就已经在外太空形成了！

来自太空的神奇之水帮助地球调节温度。洋流把赤道地区的热水“运走”，使得地球上大部分地方的温度都刚刚好，生命也得以繁衍兴旺。

地球上约97%的水都是咸的，
所以也是无法喝的！

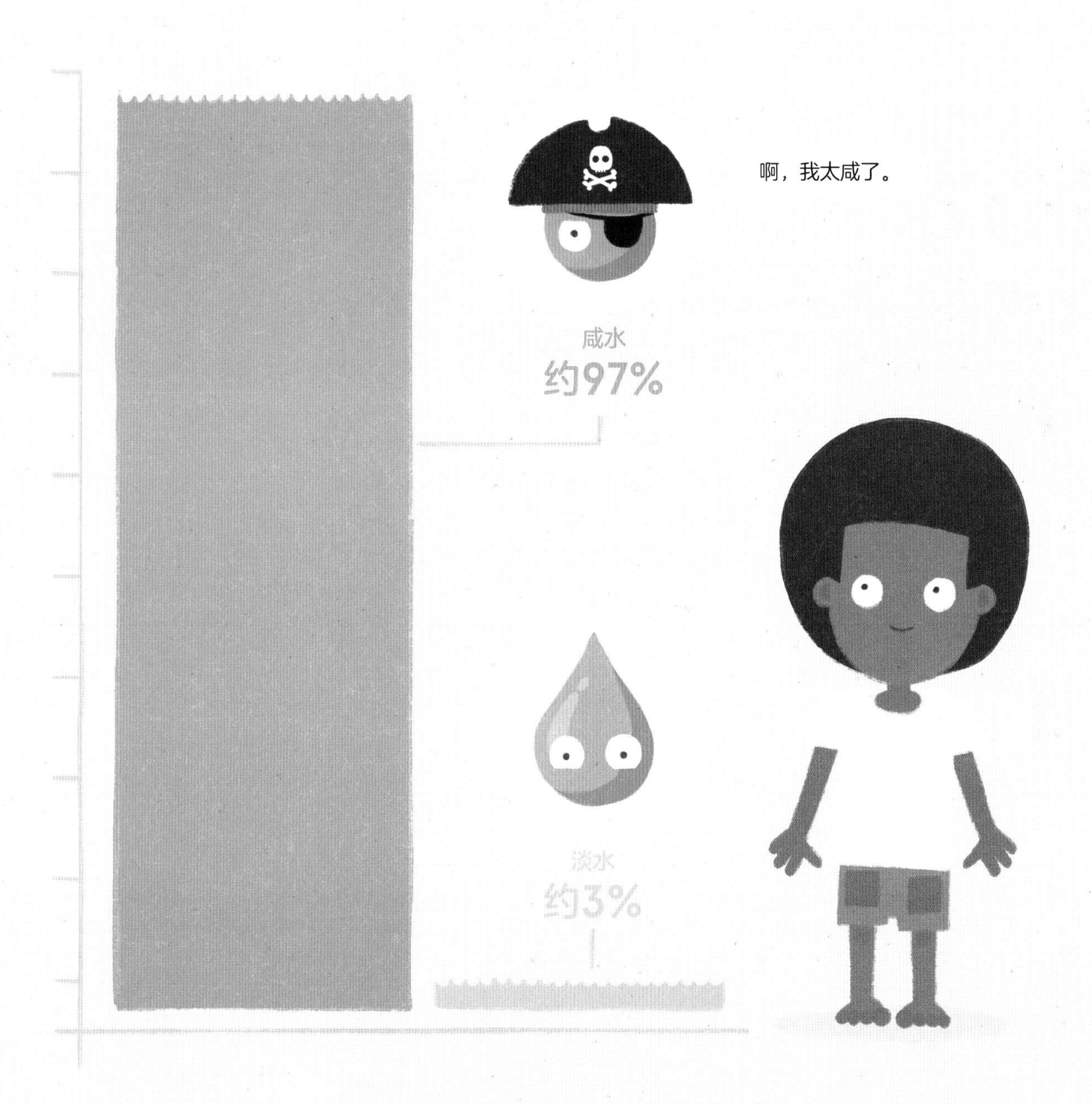

淡水对人类来说特别重要，
而之所以有淡水，
全靠一种叫作“水循环”的自然现象……

水有时快速升入天空，有时缓缓落入河流，水分子一直在变换形态，从一个地方移向另一个地方。水一直都在运动，不停地变来变去。

蒸发

太阳的热量将水从液态转化为气态，升入大气之中。

你和我

所有动物都会参与水循环。我们通过排泄（大小便）、呼吸、出汗等方式把水分还给这个循环系统，甚至我们流的眼泪也是水循环的一部分！

降水

一旦液态水足够多、足够凉，就会降回地面，变成雨、雹或雪。

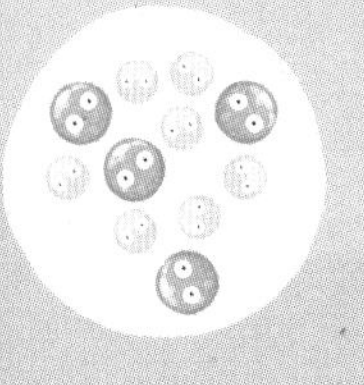

凝结

水汽升得越高，温度越低。当温度下降到一定程度，水汽就会凝结成液态水。

蒸腾

进行光合作用时，一些水分会从植物叶片表面蒸发出来，形成水汽。

答案是C。

注：因为字母C和英文单词sea（海洋）的发音一样。

这些古老的水分子，在同样古老的水循环之中流淌了几十亿年。你杯子里的每一滴水，很可能就曾经在某只恐龙和其他无数个生物的身体中流过！

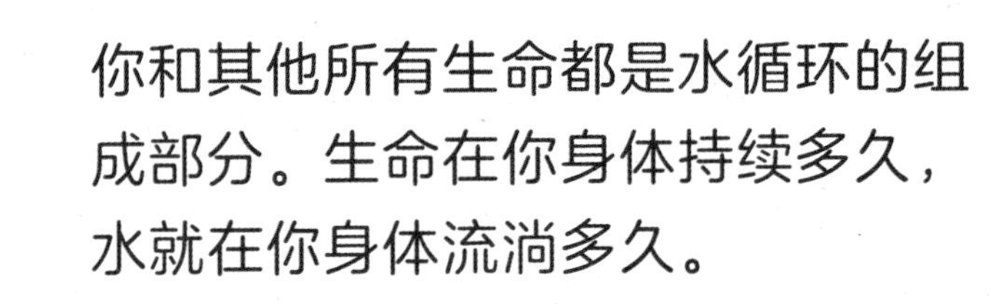
你和其他所有生命都是水循环的组成部分。生命在你身体持续多久，水就在你身体流淌多久。

水不停地运动，同时也创造了我们周围的世界。溪流、河川、峡谷、湖泊，甚至整个大陆，都是水在不厌其烦、坚持不懈的运动过程中塑造而成的。

波浪
水拍打着崖壁，日积月累形成侵蚀。

崖壁1
很久很久以前的陆地边缘。

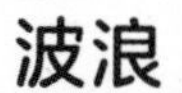

海鸥耶比
一会儿肯定被浪拍。

水母波利
之前说过的，水母的身体中大约95%是水。

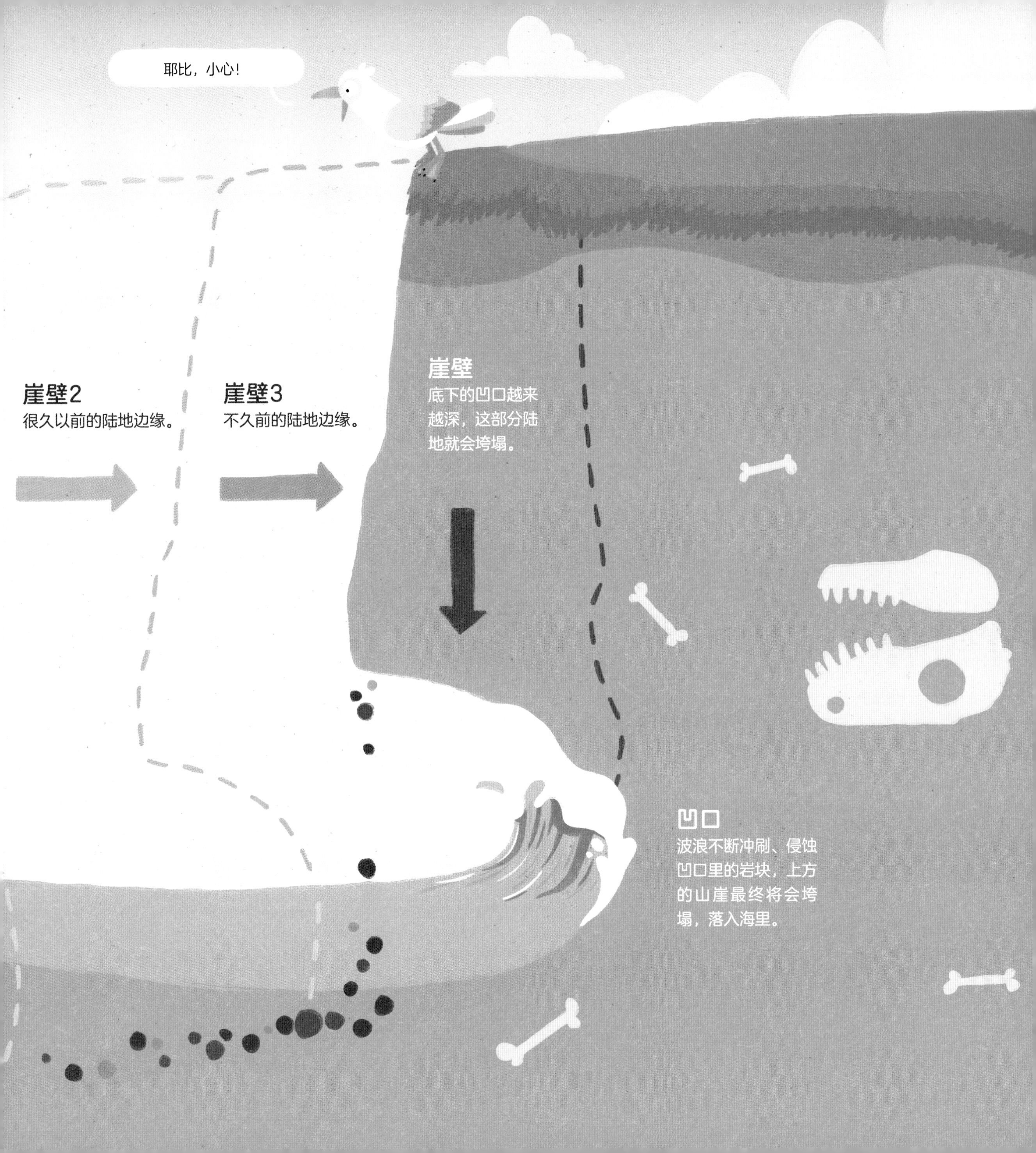

耶比，小心！

崖壁2
很久以前的陆地边缘。

崖壁3
不久前的陆地边缘。

崖壁
底下的凹口越来越深，这部分陆地就会垮塌。

凹口
波浪不断冲刷、侵蚀凹口里的岩块，上方的山崖最终将会垮塌，落入海里。

每天不管忙着，还是闲着，
我们每个人都得排便、流汗、呼吸，
伤心时可能还会流泪，
这一天下来，流失的水分多达几升。
这时我们需要通过吃饭喝水来补充水分，
这样身体才能完成各种各样的任务。

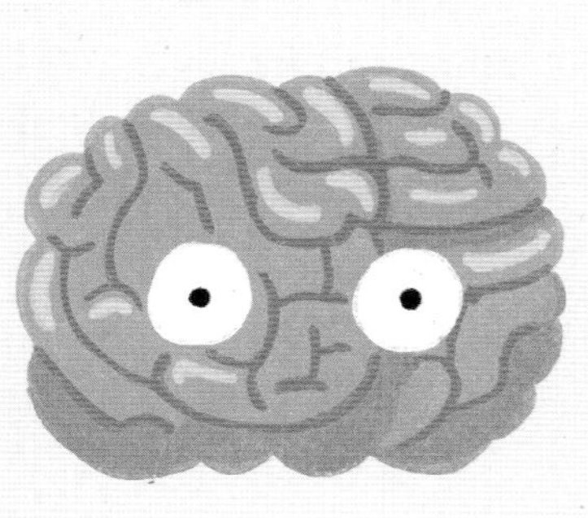

大脑

水将重要的氧气和营养物质运送给忙碌的大脑，并在其表面形成保护层。

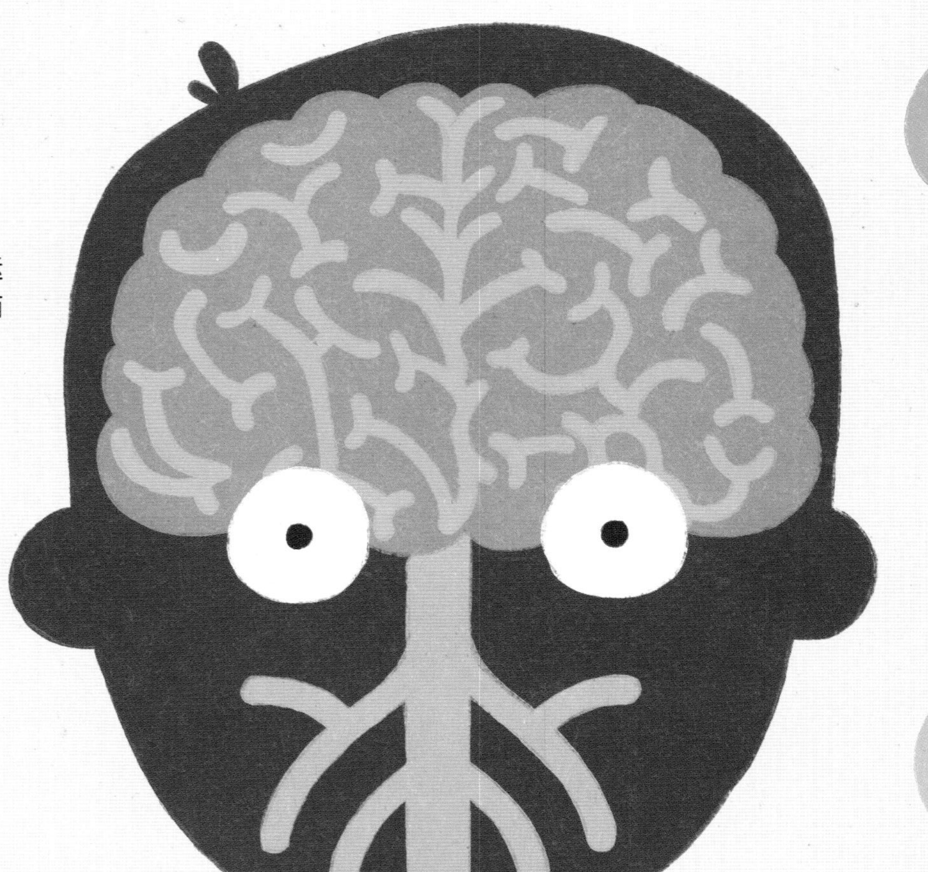

汗液

通过流汗，水可以调节我们身体的温度。

呼吸

在一呼一吸之间，
每个人每天大约能
呼出一杯水！

眼泪

即使不眨眼，我们的身体也在不停地产生泪液，从而滋润眼睛，使我们看得更清楚。

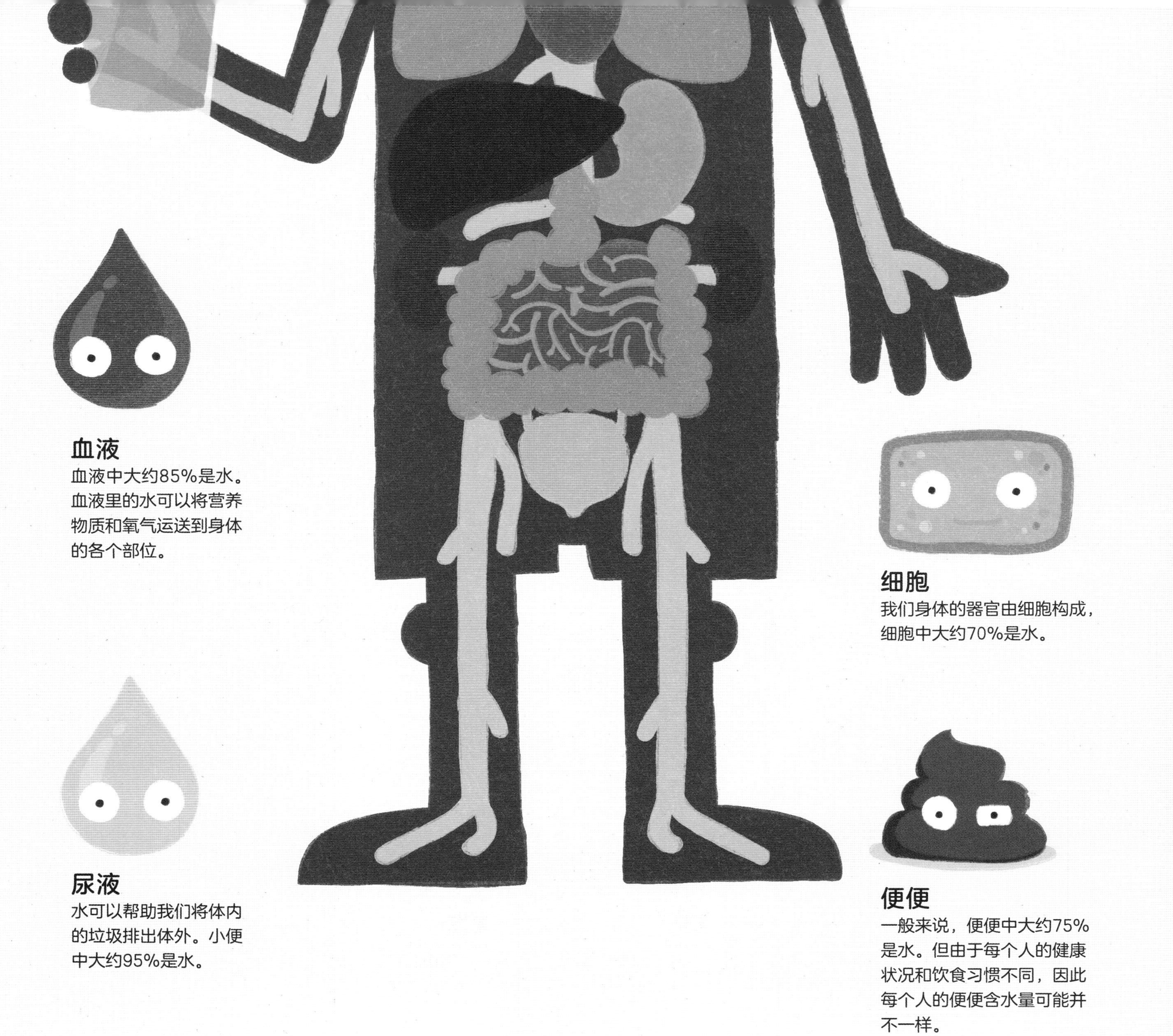

血液

血液中大约85%是水。血液里的水可以将营养物质和氧气运送到身体的各个部位。

尿液

水可以帮助我们将体内的垃圾排出体外。小便中大约95%是水。

细胞

我们身体的器官由细胞构成，细胞中大约70%是水。

便便

一般来说，便便中大约75%是水。但由于每个人的健康状况和饮食习惯不同，因此每个人的便便含水量可能并不一样。

受重力影响，液态水总是流向它能流到的最低处。
这样一来，水就能帮助生活在低处的小生物慢慢长大。
而这些小生物也能帮助大点的生物生存，并且使其变得越来越多。

水就在我们身边：头上、脚下、体内……水无处不在。
没有水，谁也活不了。从某种角度来说，我们就是水。
如果晚餐还喝了汤，那我们就更是水了。
而且，像水一样生活着，有时候还挺顺畅的……

水告诉我们，万事万物一直都在变化，一直都在运动。
拥有开放的头脑才能适应周围的环境，充分利用我们在地球上的每分每秒吧！

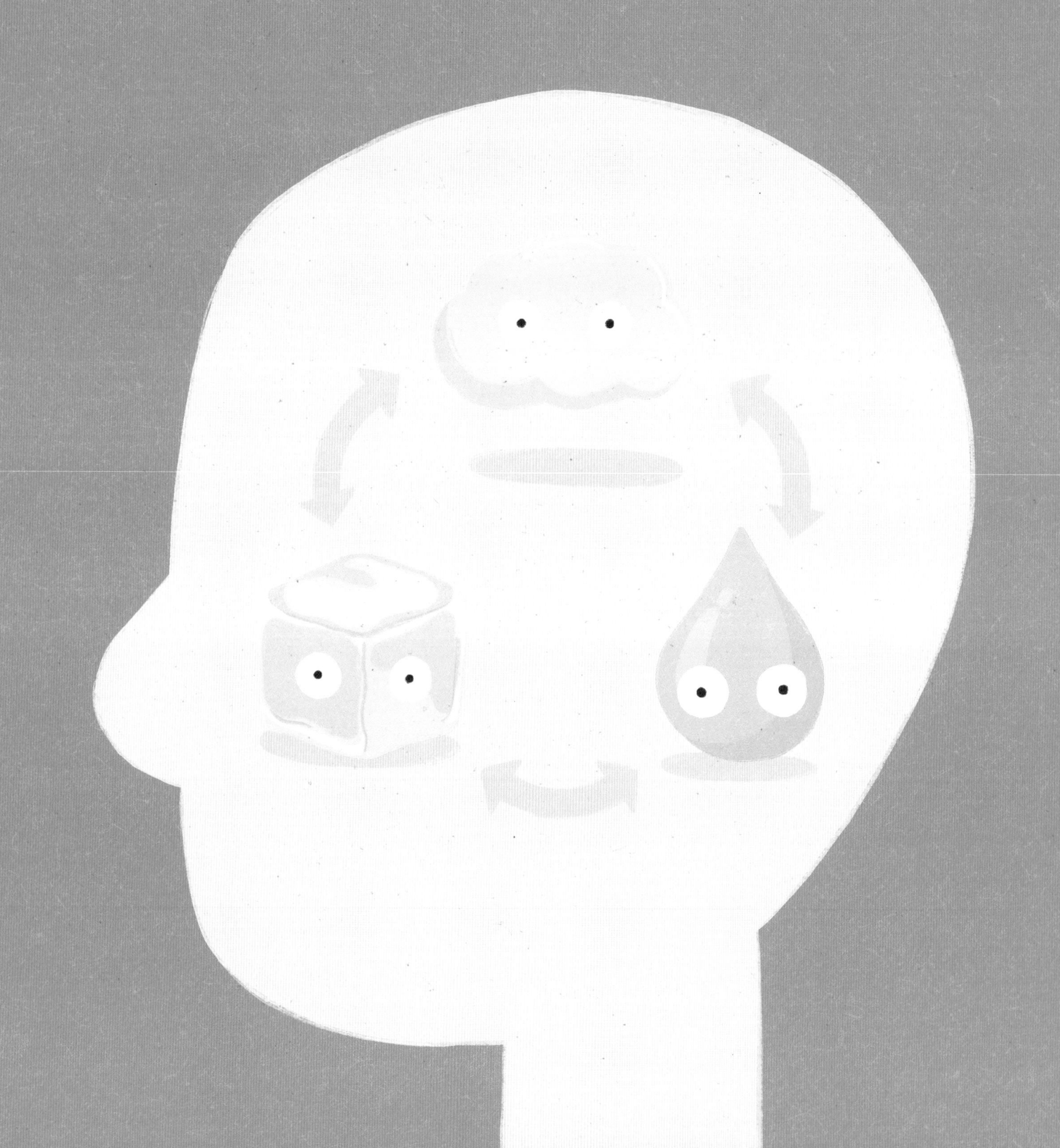

虽然只是一点一滴的行动，但只要坚持下去，我们也能改变大大世界中的一个个小小角落哦！

像水一样生活着，始终保持谦虚，
努力帮助身边的人，当然还有那些
可爱的小生物。

世界上各种生命因为水而相互联系起来。
这也提醒了我们，我们所在的是一个更大、更古老、
也更加神奇的大世界。

将来无论发生什么事情，
我们都可以像水一样……

顺其自然。

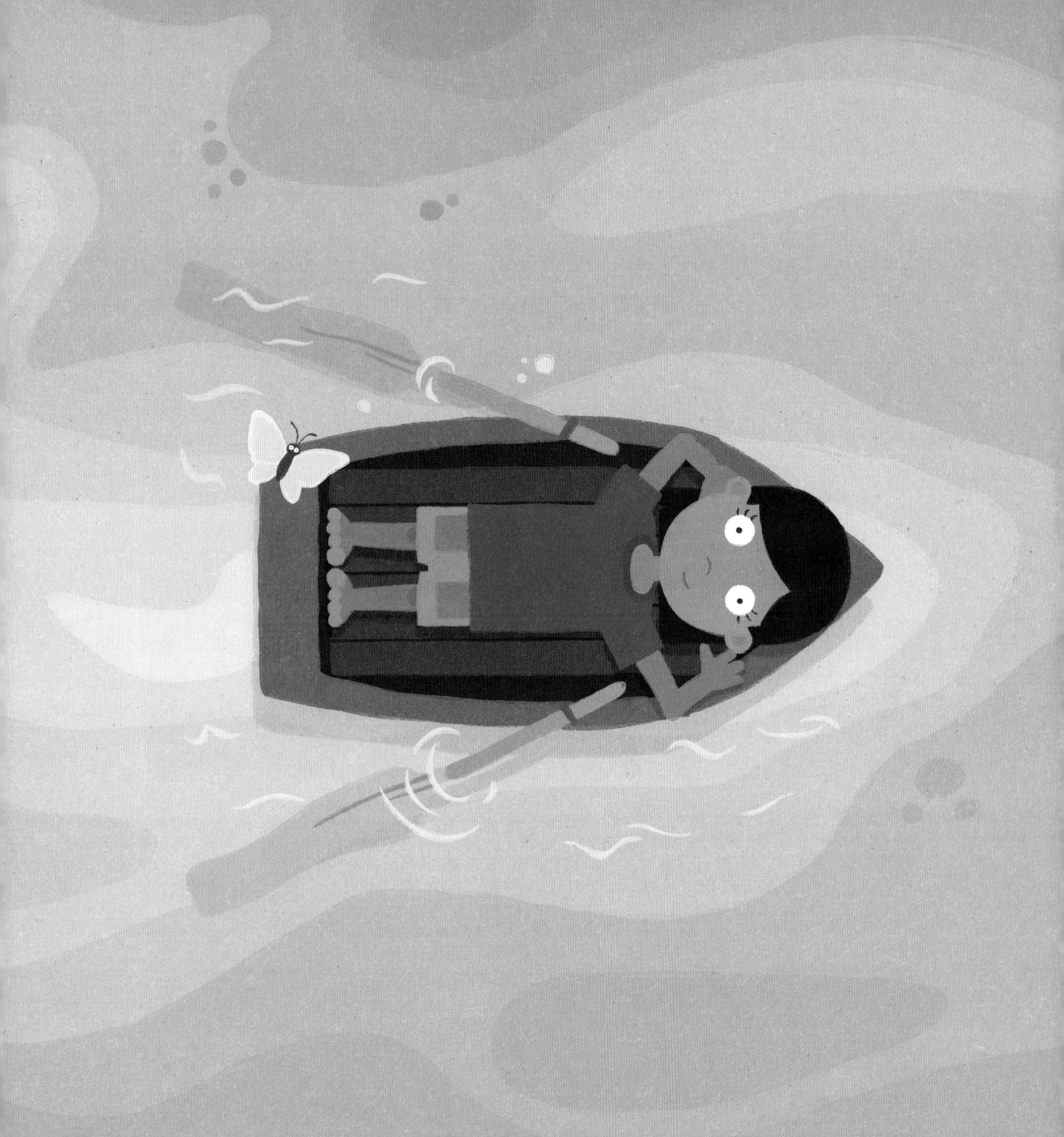

“万物皆流。”

——赫拉克利特

图书在版编目（CIP）数据

水的神奇之旅 /（澳）菲利普·邦廷著、绘 ; 蔡金栋译. -- 北京 : 科学普及出版社, 2023.4
书名原文: The Marvellous Manner Of Water
ISBN 978-7-110-10533-7

Ⅰ. ①水… Ⅱ. ①菲… ②蔡… Ⅲ. ①水－儿童读物
Ⅳ. ①P33-49

中国国家版本馆CIP数据核字(2023)第024643号

策划编辑 邓 文
责任编辑 梁军霞
封面设计 金彩恒通
责任校对 吕传新
责任印制 李晓霖

科学普及出版社出版
北京市海淀区中关村南大街16号 邮政编码：100081
电话：010-62173865 传真：010-62173081
http://www.cspbooks.com.cn
中国科学技术出版社有限公司发行部发行
河北环京美印刷有限公司印刷
开本：787毫米×1092毫米 1/12 印张：$3\frac{1}{3}$ 字数：50千字
2023年4月第1版 2023年4月第1次印刷
ISBN 978-7-110-10533-7/P・235
印数：1—6000册 定价：58.00元

（凡购买本社图书，如有缺页、倒页、
脱页者，本社发行部负责调换）